LES INSECTES
nuisibles
et
LES OISEAUX

par

Fréd: de Tschudi.

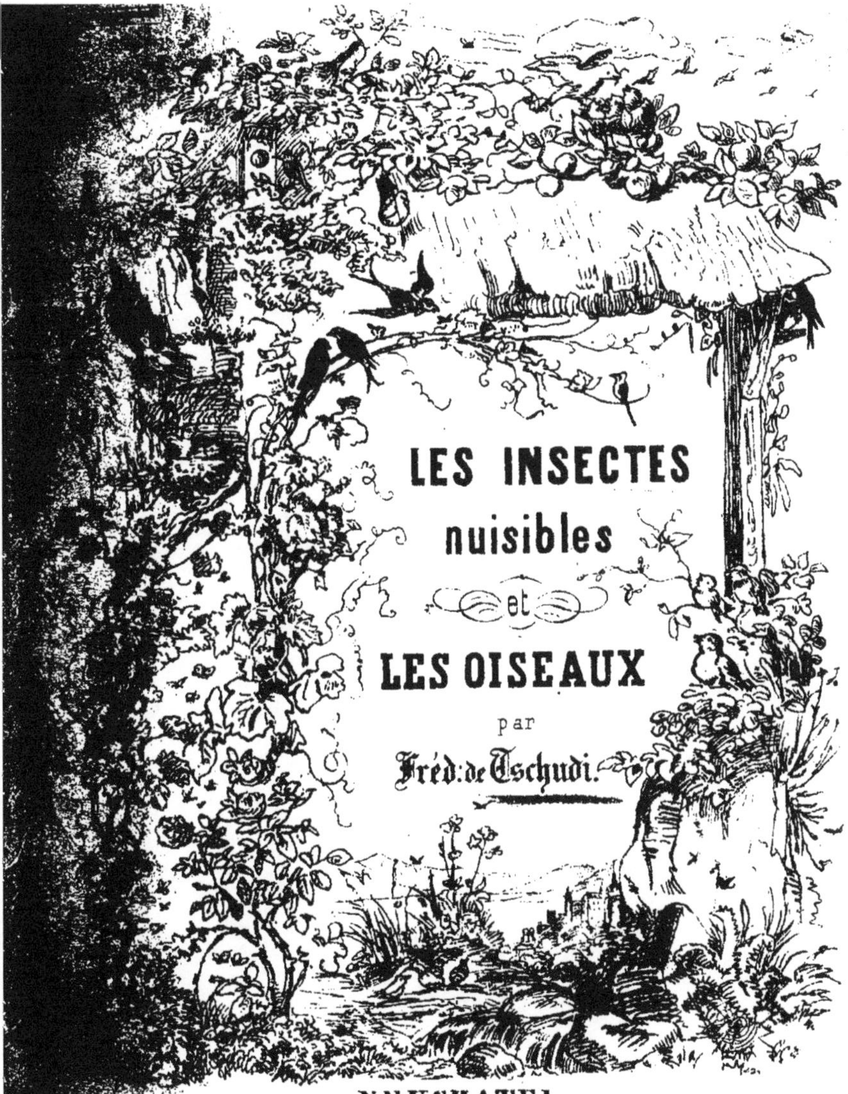

NEUCHATEL

E. Klingebeil, Libraire-Editeur.

1860.

LES INSECTES NUISIBLES ET LES OISEAUX

DISCOURS SUR L'UTILITÉ DES OISEAUX

DÉDIÉ

A LA JEUNESSE ET AUX SOCIÉTÉS D'AGRICULTURE

PAR

FRÉDÉRIC DE TSCHUDI

président de la Société d'agriculture du canton de Saint-Gall

TRADUIT DE L'ALLEMAND AVEC L'AUTORISATION DE L'AUTEUR

par

MADAME C. A.-D.

—

DEUXIÈME ÉDITION FRANÇAISE

NEUCHATEL

E. KLINGEBEIL

LIBRAIRE-ÉDITEUR

PARIS

A. MORIN, LIB.

112 rue du Bac.

Neuchâtel. — Imprimerie Marolf.

—

1860.

dédiée

AUX SOCIÉTÉS D'UTILITÉ PUBLIQUE ET D'AGRICULTURE

de la

LES INSECTES NUISIBLES ET LES OISEAUX.

On dit, quand l'hiver étend sur les champs et sur les
prairies son voile blanc et glacé, que l'activité de la nature
est endormie. Du moins des myriades de ses enfants cachés
à tous les yeux sont ensevelis dans un profond silence. Tout
ce qui se balance en bourdonnant autour des fleurs, tout ce
qui se meut, tout ce qui rampe et court sur la terre, tout
ce qui sautille dans les fossés, qui jouit du soleil sur les
murs ou frétille dans les buissons, tout a disparu; et avec
ces petits animaux, de grands et de petits oiseaux se sont
envolés à travers les Alpes et les mers pour chercher des
climats plus doux. Il n'est resté que peu d'objets attrayants
et gracieux. Seuls les corbeaux en bandes nombreuses, par-
courent affamés le pays, une couple de bruants, de pinsons et de moineaux rôdent autour des granges et des han-
gars, et une petite troupe de mésanges grimpe précipi-
tamment sur les arbres et les arbustes. Trois ou quatre
mois se passent ainsi. Le piaulement de la mésange, le
croassement des corneilles, les cris de la pie, sont à
peu près le seul ramage qu'on entende au loin. Mais déjà
en février, quand le jeune brin de blé perce à travers la
neige, demandant du soleil, que les feuilles s'entr'ouvrent
et que les bourgeons se gonflent, avides du printemps, arrivent çà et là quelques alouettes qui s'élancent joyeusement
de la motte de terre vers le soleil et les nuages du printemps. Chaque semaine amène des hôtes nouveaux, accorde
des voix nouvelles, et, avant deux ou trois mois, chaque
buisson a son chant, chaque arbre son virtuose.

Alors seulement, gens inattentifs que nous sommes, nous
remarquons avec joie et bonheur comment ce peuple ailé,

enivré de chansons, se met en évidence avant les fleurs du printemps pour obtenir la primauté sur elles. Les appels de l'alouette s'élèvent en tourbillonnant dans les airs, les chants du merle retentissent dans les cimes des sapins, les chansons de la fauvette dans les buissons de lilas et dans les champs ensemencés le courcaillet de la caille. C'est alors seulement que nous remarquons que le monde des oiseaux est là, et il nous semble qu'il y est uniquement pour notre plaisir, comme une belle pièce de poésie de la nature, charmant, gracieux bijou de la création. C'est bien déjà quelque chose, déjà un rapport entre la vie des oiseaux et la vie de l'homme, rapport qui a une certaine vérité et qui excite vivement au culte du beau dans la nature, de la beauté dans leur chant mélodieux, dans leur jeune et brillant plumage, dans la grâce de leur vol léger et dans les charmes de leur sociabilité. Mais nous ne méconnaissons pas qu'il y a un assez grand nombre d'espèces d'oiseaux auxquels ceci ne s'applique pas, soit que la nature leur ait refusé la beauté qu'elle a prodiguée à d'autres, soit qu'ils échappent à l'œil de l'homme et semblent ne pas exister pour lui.

Il nous faut, pour mieux comprendre et pour saisir plus exactement l'importance du monde des oiseaux pour l'homme, entrer plus profondément dans la vie et les habitudes de ces petits êtres et dans la position qui leur est assignée dans la grande économie de la nature. Cela nous ramène de nouveau à leur rapport avec l'homme, pour lequel finalement tout a été créé. Il suffit d'un regard superficiel jeté sur l'organisation et la manière de vivre des oiseaux pour nous montrer que ce sont les ordres qui ne tirent pas leur principale nourriture du règne végétal, mais exclusivement ou du moins *en grande partie du monde animal*, qui sont chez nous les plus nombreux, aussi bien en espèces qu'en exemplaires.

En Allemagne et en Suisse, on compte plus de cent-cinquante espèces d'oiseaux, dont les uns y vivent constamment, les autres un temps plus ou moins long. L'ordre le plus nombreux est celui des insectivores, les fauvettes, les pouillots, les rossignols, les fauvettes des roseaux, les traquets, les accenteurs, les bergeronnettes, les pipits, les alouettes, les mésanges, les gobe-mouches, les hirondelles, les grives, les pies-grièches, etc. Il compte plus de quatre-vingts espèces, dont très-peu seulement se nourrissent aussi *de végétaux*, tous les autres *exclusivement* D'ANIMAUX.

L'ordre qui suit, comme le plus nombreux, celui des *oiseaux aquatiques* ou *palmipèdes*, dont il y a environ quarante espèces, parmi lesquelles beaucoup, il est vrai, ne nous visitent que rarement ou pour un temps très-court, vit également dans ses familles les plus connues, comme les canards, les mouettes, les grèbes, les harles, principalement de nourriture animale. Les cygnes ne la dédaignent pas ; il n'y a que les oies qui préfèrent s'en tenir aux matières végétales. *Les échassiers*, qui forment un groupe d'environ trente espèces, sont également presque totalement réduits à la nourriture animale.

Il va sans dire que les *oiseaux de proie*, qui comptent autant d'espèces que les précédents, se nourrissent exclusivement d'animaux. Quant aux *gallinacés*, qui forment six familles, et dont on distingue environ vingt espèces, les rallides, les foulques ou poules d'eau mangent presqu'exclusivement des substances animales, les perdrix, les tétras, les outardes, au moins à certaines époques.

Les grimpeurs, dont il y a plus de douze espèces, recherchent avant tout les animalcules ; il n'y a guère que les sitelles, les torcols, et parfois aussi le coucou et les pics qui, en automne, s'emparent des baies et des graines, etc.

Toutes les espèces de corbeaux, avides gloutons (au nombre de onze) partagent leur appétit universel entre les animaux et les plantes.

L'ordre des *granivores*, qui comprend les familles des pinsons, des moineaux, des serins, des linottes, des bruants, des gros-becs, et dont on distingue environ trente espèces, n'ont pas proprement droit au nom qu'ils portent, puisque, par exemple, tous les bruants, tous les pinsons, toutes les espèces de moineaux, absorbent pendant l'été autant, si ce n'est plus, de matières animales que de végétales.

Le seul ordre d'oiseaux qui tire *exclusivement* sa nourriture du règne végétal, est celui des *pigeons,* qui compte environ cinq espèces.

Ainsi en tout *une seule* division, qui encore ne comprend qu'une petite famille et quelques familles peu nombreuses prises dans les autres divisions, ensemble à peine la *douzième* ou la *treizième partie* de nos espèces d'oiseaux : voilà ce qui constitue la totalité des *consommateurs exclusifs du règne végétal,* et encore cela n'est-il pas sans intérêt pour l'agriculteur, parce que la consommation des granivores porte en première ligne et principalement sur *les graines des mauvaises herbes,* dont ils détruisent une grande quantité.

Cet aperçu rapide est plein d'enseignements de la plus haute importance pour notre but. D'abord il nous fait comprendre d'une manière positive l'existence dans la nature d'un ordre grand et invariable qui préside avec une sage économie à la distribution des produits du règne végétal ; ensuite si nous considérons l'espèce de la nourriture animale dont le plus grand nombre des oiseaux fait usage, nous reconnaissons à cet ordre de la nature un second côté qui a pour but la *préservation du monde végétal.*

En effet, tous les insectivores, les grimpeurs, les échassiers, presque tous les palmipèdes, les espèces des gallinacés et celle des corbeaux, une partie des granivores et même le plus grand nombre des oiseaux de proie, se nourrissent exclusivement ou partiellement de ces classes d'animaux qui, par leur multiplication extraordinaire, menacent et souvent même détruisent la végétation qui existe sur la surface de la terre, de ces insectes de toute espèce, comme les scarabées, les chenilles, les larves, les mouches, les névroptères, les hyménoptères, les cholèves, les rhinosimes, les araignées, les crustacés, les vers et les mollusques. En outre, un nombre considérable de grands oiseaux se nourrissent de souris et de reptiles, qui quoique étant eux-mêmes pour la plupart insectivores, finiraient cependant par devenir incommodes par une trop grande multiplication.

A la vérité la nature ne choisit pas toujours pour la réalisation de ses buts les voies les plus simples et celles qui nous paraissent les plus courtes. Ses buts eux-mêmes sont variés; et elle dispose pour les atteindre de moyens innombrables. Elle déroule sa vie dans des millions de formes et de degrés et étale ses richesses dans des contradictions et des contrastes apparents. C'est ainsi que dans le monde des insectes nous trouvons déjà une certaine limitation à côté de la variété infinie des formes et de l'immense profusion des espèces. Comme le monde des oiseaux et des mammifères, il a ses herbivores et ses carnassiers, et cela dans la plus sage distribution. Là où la nature déploie un grand luxe de végétation, il y a, par exemple, plus d'espèces de coléoptères que de phanérogames (plantes à fleurs) et parmi ces scarabées, les herbivores prédominent. Dans les montagnes, les phanérogames dépassent déjà le nombre des espèces des coléoptères (scarabées); dans les régions élevées des Alpes, ces derniers disparaissent longtemps avant les premières; et parmi les insectes et les araignées qui vivent encore au delà des limites des neiges éternelles, les espèces carnassières sont considérablement plus nombreuses que les herbivores; cela évidemment dans le but de protéger ces derniers et chétifs vestiges de la végétation.

Le monde végétal est la base et la condition de l'existence de tout organisme supérieur. Sans plante, pas d'animal, car même les animaux carnassiers dépendent indirectement du règne végétal, puisqu'ils se nourrissent de la chair des herbivores. Sans la plante, l'existence de l'homme même est impossible, de l'homme, but et ornement de la création. Si donc la nature se plaît à produire pour les animaux inférieurs une foule presque innombrable d'espèces et une masse infinie d'exemplaires, elle se restreint déjà jusqu'à un certain degré en échelonnant d'une manière proportionnée et graduelle le nombre des espèces des carnassiers; mais au surplus, si elle destine la race si riche des oiseaux à se nourrir en grande partie des animaux d'un ordre inférieur, elle maintient d'une manière parfaitement déterminée l'équilibre entre les animaux nuisibles à la végétation et ceux qui la protégent. Les oiseaux exercent la police dans la nature; ils empêchent l'envahissement des espèces; ils ramènent le nombre des animaux inférieurs à un degré qui en grand n'est plus nuisible au monde végétal. En un mot: ILS RENDENT POSSIBLE L'EXISTENCE DU MONDE VÉGÉTAL ET PAR LA CELLE DE L'HOMME. Voilà quelle est leur profonde importance et leur place dans l'harmonieux ensemble de la création. A côté de cela, tout le reste, utile ou nuisible, est pour ainsi dire sans conséquence. Un certain nombre d'entre eux constitue une excellente partie de la nourriture de l'homme; ils fournissent des œufs bons à manger, des plumes qui peuvent être utilisées, un excellent engrais, etc., mais tout cela vient à peine en ligne de compte, vis-à-vis de leur travail, de l'immense destruction qu'ils font des insectes. C'est à ce travail que tient et se rapporte ce qu'il y a de plus essentiel dans l'organisation de cette classe d'animaux; la grande mobilité et la vitesse des oiseaux qui les rend capables d'exercer leur police sans cesse et partout où c'est nécessaire; leur vue perçante, leur force extraordinaire de digestion qui se retrouve même chez les plus petites espèces, et qui agit si énergiquement que dans la règle un oiseau insectivore peut dévorer journellement une quantité d'insectes égale au poids de son corps; puis ensuite le mystérieux et l'impénétrable de leur genre de vie, leur force moyenne de reproduction. etc. C'est aussi à leurs fonctions et à leur destination de destructeurs des insectes que se rapporte l'instinct de migration qui les caractérise. Quand, dans le nord, le monde des insectes s'enfonce dans le repos de l'hiver, et dort sous une couche de neige, alors la plupart des oiseaux vont porter leurs services dans les pays du sud, et les insectivores qui restent vont glaner les larves, les œufs, les nids des insectes, les quelques mouches et araignées qui se hasardent dans les fentes de rochers que frappe un rayon de soleil, les coléoptères qui rongent les écorces et les bois.

De nos jours cependant, ce grand service de police des oiseaux semble ne plus pouvoir suffire, il en est presque comme dans la société humaine. De toutes les contrées de l'Allemagne et de la Suisse, on entend de temps à autre des plaintes amères sur l'envahissement des insectes nuisibles.

On voit soudainement apparaître en quantités extraordinaires des espèces d'insectes qui jusqu'alors ne se montraient qu'en très petit nombre. Ils dévastent le gazon des prairies, les jardins potagers, les champs de blé, de lin et de colza, les arbres fruitiers, les forêts; ils tourmentent à l'excès nos animaux domestiques; il nous incommodent nous-mêmes; ils attaquent sérieusement nos prévisions économiques et endommagent même nos viviers. Qui ne les connaît, ces petits ennemis de nos biens, qui souvent à peine visibles, nous dépouillent sans bruit des fruits de notre travail!

Parmi les scarabées, celui qui nous déclare la guerre la plus acharnée est le hanneton, qui dans son dernier degré de développement, détruit les bourgeons et les feuilles des arbres; qui à l'état de larve, presque plus nuisible encore, ronge les racines des plantes, et qui, apparaissant en quantités effrayantes, dévaste souvent des contrées entières. A tout prendre, ce scarabée pourrait être employé à toutes sortes de choses utiles : il donne un engrais actif, une bonne nourriture pour les poules; les vaches en sont très-friandes lorsqu'ils sont secs, et ils augmentent leur lait; nos chimistes s'entendent même à faire des hannetons une belle couleur brune, un bon bleu de Prusse, beaucoup d'huile (16 mesures de hannetons donnent 6 mesures d'huile), un gaz très-clair, une bonne graisse de char, et les cuisiniers enfin préparent avec ces scarabées une soupe nourrissante et savoureuse (dans le genre de la soupe aux écrevisses) ou un agréable bonbon de dessert. Tout cela est sans doute bien beau; mais si l'on ne s'appliquait pas à détruire et à limiter autant que possible les hannetons, ils finiraient en quelque dix ans par dévaster si bien de grandes étendues de terrain, qu'il n'y pourrait plus exister ni poules, ni vaches, ni cuisiniers, ni chimistes. D'autres scarabées malfaisants sont les acanthopodes, le capricorne épineux, l'anthonome, le scarabée destructeur ou typographe, qui vers la fin du siècle dernier (année 1780 et suivantes), détruisit dans les forêts du Hartz plus d'un million de sapins, et qui dernièrement en Suisse fit des ravages considérables; enfin le scarabée aquatique noir, qui est dangereux pour les viviers.

Plusieurs espèces de papillons, sans cela si innocents, appartiennent, lorsqu'ils sont à l'état de chenilles, aux animaux articulés qui sont le plus particulièrement dangereux ; ce sont avant tout le bombyx processionnaire, la phalène-bombix, la piéride, le papillon blanc, la piquante, le lasiocampe, la phalène, la livrée des arbres, et la teigne des grains. Quant aux autres espèces d'insectes inférieurs, comme les taupes-grillons, les pucerons, les teignes, les mites, les sauterelles, les fourmis, différentes espèces de taons, les guêpes, les mouches, les cousins, les vers et les escargots, je n'en parle pas ; ils ne sont que trop connus comme des fléaux, et l'on sait comme ils sont pernicieux quand ils apparaissent en masse. Il est vrai que chaque siècle a vu apparaître des légions de ces insectes malfaisants, et les chroniques sont pleines de récits des ravages qu'ils ont faits. La sauterelle voyageuse a déjà même pénétré jusque dans la Suisse méridionale ; cependant on peut conclure des observations faites partout, qu'aussi bien le nombre des insectes nuisibles en général, que l'accroissement périodique de certaines espèces va en augmentant de nos jours.

D'où cela provient-il ? Evidemment d'une perturbation dans l'ordre de la nature, perturbation qui consiste dans une diminution notable des oiseaux insectivores, en rapport exact avec l'augmentation des insectes ; elle consiste en outre dans la limitation involontaire ou brutale du monde des oiseaux que la nature emploie comme les plus importants coordonnateurs de son ménage gigantesque. Voulons-nous rechercher les *causes* de cette diminution des oiseaux, nous trouverons qu'elles sont de plusieurs espèces dans nos contrées et dans les autres pays.

Un mot à cet égard.

Dans la règle, la culture progressive des terres n'est déjà pas favorable aux animaux qui vivent en liberté. Elle a chassé de nos forêts les daims, les bisons, l'élan, le lynx, les loups et les ours, les bouquetins de nos montagnes, les castors de nos fleuves. Mais c'est surtout aux grands et aux petits oiseaux qu'elle s'est montrée hostile ; les bocages hospitaliers diminuent d'année en année ; l'homme recule toujours les bornes de sa puissance, il soumet le sol inculte à ses travaux afin de lui ravir de riches moissons. De grandes étendues de forêts sont éclaircies et déboisées, pour satisfaire aux besoins d'une population toujours croissante et aux exigences nombreuses de l'industrie. Les grands arbres des forêts, qu'on laissait jadis s'élever isolés dans les champs et dans les prairies et qui servaient d'asile à d'innombrables petits animaux, et d'embuscade aux utiles buses dans la chasse acharnée qu'ils font aux souris, tombent l'un après l'autre et sont remplacés tout au plus par quelques chétifs arbres fruitiers ; les landes couvertes de buissons sont cultivées ; les arbrisseaux des rives sont abattus, de grandes étendues de marais sont désséchées, et on arrache peu à peu une quantité de haies vives, dans lesquelles tout un peuple de petits oiseaux fourmille, et qui en même temps attirent une grande quantité de chenilles qui trouvent dans leur feuillage une nourriture qu'elles iraient sans cela chercher sur les arbres fruitiers au détriment de leurs récoltes. Toutes ces cachettes, si diversement peuplées, si propres tout à la fois à la couvée et à la chasse que les oiseaux font aux insectes, disparaissent peu à peu. Dans les forêts même, on a commis de grandes fautes dont on reconnaît seulement aujourd'hui toutes les fâcheuses conséquences, à mesure que soi-disant d'après les règles d'un aménagement rationel des forêts, on a, au grand détriment de ces dernières, coupé à droite et à gauche tous les vieux arbres garnis de trous, et ainsi enlevé à un nombre considérable des meilleurs insectivores, la faculté d'y nicher et de s'y propager. On a, mais malheureusement trop tard, reconnu et regretté en plusieurs endroits la faute que l'on avait faite, en chassant pour longtemps les meilleurs et les plus actifs alliés de la culture des forêts, qui est si souvent exposée aux ravages des insectes forestiers.

Réunies, ces causes que nous venons de signaler, expliqueraient déjà à elles seules une diminution forte et sensible des petits oiseaux ; mais il y en a encore d'autres dont les conséquences sont considérables, c'est surtout la chasse fréquente au filet ou au fusil, et la destruction des couvées par les chats et par les enfants, contre lesquels, dans beaucoup de contrées, aucun nid n'est en sûreté. Et ce sont justement les plus utiles destructeurs d'insectes, les mésanges, qui sont prises en quantité, de même que les pinsons, les rouges-gorges, les fauvettes de toutes espèces dont quelques-unes, les rossignols, par exemple, sont devenues si rares que dans plusieurs endroits, où jadis leur chant retentissait chaque printemps dans tous les buissons, on ne l'entend maintenant plus depuis quelques dizaines d'années. Çà et là, on a même encore conservé les ordonnances absurdes et insensées qui enjoignent aux employés de détruire les pics et les coucous, et mettent à prix la tête de ces oiseaux incomparablement utiles !

Mais ce qui influe d'une manière plus funeste encore sur l'énorme diminution de nos plus utiles oiseaux de passage, c'est (pour employer l'expression d'un observateur), la chasse effrénée et exterminatrice au delà de toute expression que leur font les Italiens.

C'est un fait connu, qu'à l'époque des migrations des oiseaux au printemps, mais surtout en automne, les Italiens sont pris d'une véritable rage pour la chasse aux oiseaux. Gens de tout âge et de toute condition, enfants et vieillards, nobili, négociants, prêtres, ouvriers, manœuvres, paysans, tous abandonnent leur travail accoutumé pour attaquer, comme des bandits, les troupes de ces hôtes passagers. Au bord des ruisseaux et dans les champs, partout l'air retentit de coups de feu, on pose des filets, on dresse des piéges, on place des gluaux ; sur toutes les collines propres à cela, on établit des aires (Roccoli) avec des éperviers et des chouettes pour attirer les petits étrangers et les égorger. Et ce ne sont pas seulement les grands oiseaux de chasse qu'ils cherchent à prendre, mais ce sont surtout les petits insectivores, les oiseaux chanteurs, et les rossignols même que l'on détruit ainsi. Les hirondelles qui, en Suisse et en Allemagne, trouvent chez l'homme une espèce de protection, sont prises en quantités innombrables, et cela souvent de la manière la plus cruelle, au moyen de hameçons auxquels on attache un ver ou un insecte ou une petite plume, que l'on

fait voler en l'air et auxquelles les hirondelles se prennent.
Pour se faire une idée de ces exterminations auxquelles
pendant plusieurs semaines toutes les classes de la population se livrent par tradition, il suffit de savoir que dans
un seul district au bord du lac Majeur, le nombre des oiseaux chanteurs et des petits oiseaux égorgés chaque année
s'élève de 60 à 70,000, et que dans la Lombardie, en un
seul jour, dans un seul Roccolo, l'on en prend souvent jusqu'à 1,500, en sorte que près de Vérone, Bergame, Brescia,
le nombre des petits oiseaux tués pendant un seul automne,
monte à plusieurs millions, et ceci n'est qu'une très-pe-
tite partie de l'Italie. Vers le sud c'est la même chose : l'extermination atteint des multitudes innombrables.

Cette passion vraiment italienne a aussi pénétré en Suisse,
dans le canton du Tessin, où aucune patente ne limite la
manie universelle de faire la chasse aux oiseaux. Les Tes-
sinois dressent déjà leurs piéges aux portes du canton, sur
le Saint-Gotthard et les montagnes des Grisons, pour y re-
cevoir, à l'instant même où ils passent la frontière, les petits êtres qui ont été épargnés chez nous.

Faut-il s'étonner dès lors si l'on entend rarement le chant
d'un oiseau en Italie, et si, dans le canton du Tessin, les
moineaux même sont devenus une rareté ? Il règne comme
une odeur de meurtre sur le pays riant des Orangers.
L'homme y est devenu un ennemi et un traître pour ses
petits amis. Les belles contrées, dans lesquelles les joyeux
chanteurs ont cherché pendant l'hiver une patrie, ou du
moins une hospitalité passagère, respirent la mort et la destruction ; et les petites bêtes qui ont échappé au carnage
s'empressent de les quitter tout effarées, pour aller de nouveau trouver au delà des Alpes ou au delà de la mer un
asile caché. Il est facile de comprendre de quelle manière
sensible cette extermination annuelle incalculable doit ré-
duire la classe des oiseaux passagers. Mais c'est nous surtout, en deçà des Alpes, qui avons le plus à souffrir de cet
état de choses, et nous en ressentons partout les conséquences, dans nos forêts et dans nos champs. Nous ne pouvons empêcher les Italiens de se livrer à cet absurde plaisir

national, ils sont trop légers pour réfléchir à ses suites funestes, mais nous pouvons cependant diminuer en quelque sorte les tristes conséquences que cette barbarie a pour nous, et ce serait un beau trait du brave caractère allemand, si nous accordions d'autant plus de sollicitude aux petits oiseaux, qu'ils sont poursuivis dans le sud avec plus d'acharnement.

A cet égard, nous pouvons agir dans deux sens. Nous pouvons favoriser chez nous de différentes manières l'*accroissement des oiseaux sédentaires utiles,* et accorder un MEILLEUR ASILE et une PROTECTION SUFFISANTE aux oiseaux de passage pendant leur séjour d'été.

Nous pouvons de cette manière rétablir au moins jusqu'à un certain point l'ordre de la nature, si troublé par la diminution des oiseaux, et nous pouvons établir au moins partiellement un équilibre entre la destruction et l'accroissement des insectes. Il n'y a pas d'autres moyens de réaliser notre but. On peut penser pour ce rétablissement de l'ordre de la nature à des moyens artificiels et à des moyens naturels ; mais les premiers ne suffiront nulle part ; les forces de production de la nature sont si prodigieuses dans les espèces inférieures d'animaux, que l'homme ne pourra jamais leur opposer avec succès des obstacles artificiels. Aux bords du Rhin, par exemple, les lisettes ou attelables Bacchus font chaque année à la vigne, l'anthonome et la phalène aux arbres fruitiers, un dommage de plusieurs centaines de mille thalers sans que jusqu'ici on ait réussi à les en empêcher.

Près de Torgau, on a dépensé depuis plusieurs années plus de 25,000 thalers, seulement pour détruire les chenilles et les cafres dans la forêt d'Annaburg, afin de la sauver avec peine d'une destruction totale, et on a dû cependant abattre 9,372 journaux de bois. En 1837, dans les forêts de Stettin, les chenilles des noctuelles dépouillèrent de leur feuillage tous les sapins sur une étendue de 860 arpents, et le gouvernement dépensa plus de 1,000 thalers pour détruire environ 94 millions de ces dangereux insectes. Les dégâts causés par ces insectes touchent à l'incroyable. Il y a quelque temps, les chenilles rasèrent si bien toute l'herbe dans

d'immenses districts de l'Amérique du nord, qu'il fallut faire
venir du foin de l'Angleterre. La chenille herbivore dévasta
les plaines du Lesch, près d'Augsbourg, en rongeant jusqu'à
la racine toute l'herbe et la verdure loin à la ronde autour
de plusieurs villages. Les chenilles de la noctuelle pénipède
détruisent souvent en peu de semaines près de 300 arpents
de forêt, et dans la Marche de Brandebourg elles dévas-
tèrent en deux ans un septième de toutes les forêts de
sapins de l'état. En Franconie, les chenilles de la nonne
ou du lasiocampe dévorèrent complétement, en 1839, 2200
arpents des forêts de l'état, malgré les peines infinies
qu'on se donna pour les détruire. On réussit un peu
mieux dans les forêts de Stralsund où, en 1840, le gouvernement, avec une dépense d'environ 3200 thalers, fit ramasser plus de 1000 livres c'est-à-dire environ 633 millions
d'œufs de nonnes. Les chenilles vertes des légumes apparaissent tantôt ci, tantôt là, en si grande quantité, qu'on peut
en recueillir des tonneaux. Elles s'abattent sur un champ,
dévastent en peu de jours d'immenses étendues, principalement de lin, de pois et de chanvre, et s'en vont plus
loin, en troupes immenses, sans qu'on puisse les retenir. On
a observé dans la Hesse que c'est dans les contrées où, faute
d'arbres, il ne se trouve que peu d'oiseaux chanteurs, qu'elles
font le plus grand dégât, et là les efforts de l'homme ne
suffisent pas pour combattre le mal. La température et l'excès de leur propre nombre en détruisent finalement la plupart; ou bien, l'on se voit réduit à la nécessité de brûler
des taillis entiers. Depuis une cinquantaine d'années la culture des arbres fruitiers a pris de telles proportions dans
le Würtemberg, qu'on évalue son rapport à la somme de
1,700,000 florins. Une grande partie de la récolte est cependant dévorée par les chenilles, et tandis que jadis on
s'apercevait à peine de ce mal, il s'est répandu depuis quelques années d'une manière dangereuse et a découragé
les cultivateurs d'arbres fruitiers. Le gouvernement a ordonné, il est vrai sous peine d'amende, le nettoyage des arbres au printemps et à l'arrière-saison, l'échenillage, etc.,
mais tout cela sans obtenir les résultats désirés. Si la nature

n'empêchait pas elle-même le débordement des insectes, si elle ne nous tendait pas elle-même la main partout pour protéger notre existence, nous, enfants des hommes, serions infailliblement perdus. Mais heureusement elle a déjà donné à ces dévastateurs leurs ennemis naturels. Les ichneumons piquent les chenilles et les tuent; les punaises les sucent; les scarabées les mangent, principalement les dangereuses chenilles processionnaires; une grande quantité de vers parasites se forment dans le corps des chenilles et les tuent. Les musaraignes, les hérissons, les taupes, les lézards, les grenouilles, les crapauds, les chauves-souris sont d'excellents chasseurs d'insectes. Mais où la prévoyante sollicitude de la nature se déploie avec le plus de force pour nous, c'est dans le genre de nourriture de la plupart des petits oiseaux, qui absorbent des myriades d'œufs de chenilles, de larves, de chenilles, de papillons, de mouches, de cousins, de scarabées, de fourmis, d'escargots, de pucerons et de vers.

Ici, nous examinons la sage répartition des différentes espèces d'oiseaux dans l'œuvre de destruction. Chacune de ces espèces a sa place bien assignée, soit dans les forêts ou dans les champs, dans les prés ou dans les buissons, dans les jardins ou dans les vignes, sur les rochers ou au bord de l'eau; les uns s'en tiennent davantage à une classe d'insectes, les autres à une autre. Les uns sont habiles à les ramasser sur les feuilles et les branches, les autres les gobent dans l'air, d'autres les déterrent, d'autres enfin savent les extraire des sillons d'écorce, ou perforent le bois pour les en retirer; chaque espèce étant organisée d'une manière particulière pour l'activité qui lui est propre par la forme de son bec, de sa langue, de ses pieds ou de ses ailes. Mais chaque petit oiseau insectivore a besoin pour son entretien journalier, comme nous l'avons déjà remarqué, d'une quantité de nourriture au moins égale au poids de son corps.

Afin d'apprécier à sa juste valeur la grandeur de ce travail d'extermination, qui surpasse infiniment tous les efforts des travaux humains, et qui est pour nous une condition de bien-être et même d'existence, nous comparerons ici un petit nombre d'observations faites par quelques amis de la nature, et desquelles découlent les conclusions les plus importantes.

Dans une serre se trouvaient trois rosiers de haute tige, couverts d'environ 2000 pucerons. On y introduisit une mésange nonnette et on la laissa voler. Dans l'espace de quelques heures, elle consomma toute cette multitude d'insectes et nettoya parfaitement les plantes. Les mésanges, qui heureusement se multiplient considérablement, sont d'une importance extraordinaire, principalement pour les buissons, pour les arbres fruitiers et pour ceux des forêts, parce qu'elles détruisent par millions les œufs des chenilles avant qu'elles puissent éclore et commettre des dégâts, et l'on sait en quelles quantités les chenilles pondent leur œufs. Le moins qu'elles en font est 150 ; et quelques espèces en pondent de 500 à 600, et même 800 et plus encore. La noctuelle, par exemple, pond souvent deux fois dans un été de 600 à 800 œufs. Les mésanges, ainsi que la plupart des autres oiseaux, ne peuvent pas s'attaquer à la chenille velue, mais elles dévorent plusieurs milliers de ses œufs dans un jour. Constamment actives, elles rôdent été et hiver d'arbre en arbre, tantôt en petites troupes, tantôt en compagnie de grimpereaux, de sitelles et de roitelets huppés. Elles furetent les feuilles enroulées des rameaux, les branches, les troncs des arbres, et enlèvent diligemment les œufs d'insectes qui s'y trouvent. Le comte Casimir Woszicki raconte un charmant exemple des services signalés que les mésanges rendent aux jardins.

« Dans l'année 1848, une énorme quantité de chenilles du Bombyx-dispar (l'ennemi si connu des jardins, qui fait aussi souvent de très-grands dégâts dans les forêts) avaient dévoré tout le feuillage de mes arbres, en sorte qu'ils étaient complétement nus. En automne, je découvris sur tous les troncs et les branches des millions d'œufs, entourés d'une enveloppe soyeuse. Je les fis enlever à grands frais, mais je m'aperçus bientôt que la main de l'homme était impuissante à prévenir ce fléau, et je me résignai à voir périr mes plus beaux arbres. Mais voilà qu'à l'approche de l'hiver, de nombreuses troupes de mésanges et de roitelets vinrent chaque jour faire visite à mes arbres, et bientôt les nids de chenilles diminuèrent. Au printemps, une vingtaine de couples de mésanges vinrent nicher dans mon jardin. L'été suivant, les dégâts des chenilles furent incomparablement moindres ; et en 1850, les petits jardiniers ailés avaient si bien nettoyé mes arbres, que grâce à leur travail, j'eus la satisfaction de les voir tout l'été parés de la plus belle verdure. »

Les infatigables *troglodytes* qui fouillent tous les taillis et les jolis petits roitelets huppés qui, ainsi que les premiers, passent tout l'hiver chez nous et détruisent des quantités innombrables d'œufs de chenilles, sont d'une très-grande utilité, car ils jouissent d'un appétit qui ne le cède en rien à leur activité, et il leur faut toujours quelque chose à avaler. Ils habituent aussi leurs petits à la même gloutonnerie en leur portant en moyenne 36 fois par heure leur nourriture de larves, d'œufs et d'insectes rongeurs. Un rouge-queue affamé prit pendant l'espace d'une heure environ 600 mouches dans une chambre ; si ce même petit animal ne consacre à la chasse que quelques heures chaque jour, il détruit cependant une grande quantité d'insectes. Les hirondelles et les martinets pendant le jour, les engoulevents le soir, gobent des essaims de cousins ; les pinsons, les geais et les choucas prennent les nonnes et les noctuelles.

Il faut aussi compter les moineaux parmi les oiseaux éminemment utiles. On dirait peut-être que le dommage qu'ils font aux cerisiers, aux champs de blés et d'autres graines dépasse leur utilité. Mais j'en doute, parce que leurs petits, qui ont généralement un extrême appétit, sont exclusivement nourris de larves, de sauterelles, de chenilles, de scarabées, de vers, de fourmis, etc., et parce que jeunes et vieux remplissent sans cesse, à la fin de l'été, dans l'automne et l'hiver, leur jabot de graines de mauvaises herbes. On a compté qu'un couple de moineaux emploie chaque semaine environ 3000 de ces insectes pour la nourriture de sa couvée, chacun des parents lui apportant au moins 20 fois par heure la becquée. Cela vaut bien une poignée de cerises. Au reste, le friquet ou moineau des champs ne mange point de cerises, mais en revanche, beaucoup de chenilles, de sauterelles, etc., et un très-petit nombre de ces oiseaux nettoie en fort peu de temps des massifs de rosiers de tous leurs pucerons.

On sait qu'un jour Frédéric-le-Grand donna l'ordre de tuer et d'attraper tous les moineaux, qui avaient osé s'attaquer à son fruit favori, et fit donner une prime de six pfennings pour chaque couple qu'on lui livrerait. On fit alors en Prusse la chasse aux moineaux avec une telle activité, que le gouvernement eut chaque année pour quelques mille thalers de primes à payer. Quelles furent les conséquences de cette guerre ? Au bout de deux ans, non-seulement il n'y eut plus de cerises, mais encore il n'y eut presque point d'autres fruits. Les arbres étaient couverts de chenilles et furent bientôt complétement dénudés. Les insectes s'étaient multipliés d'une manière effrayante, car en même temps que les moineaux, bon nombre d'autres oiseaux avaient été détruits ou avaient quitté le pays. Alors le grand roi reconnut qu'il n'avait pas la puissance de corriger l'ordre créé par un roi plus grand que lui, et que tout attentat violent se venge. Il retira les ordres qu'il avait donnés, il se vit même dans la nécessité de faire revenir à grands frais des moineaux de très-loin, parce que ces oiseaux, qui sont d'obstinés sédentaires, ne seraient pas revenus de sitôt de leur propre chef. D'autres contrées aussi expièrent cruellement la guerre qu'on avait faite aux moineaux. A mesure que ceux-ci diminuaient, le nombre des chenilles augmentait, et les arbres étaient dépouillés. Les moineaux des champs sont surtout utiles. Lorsqu'ils vont aux blés, on devrait les effrayer, mais non les détruire. On ne devrait pouvoir prendre les moineaux-francs, que là tout au plus où il y a à côté d'eux *un nombre suffisant d'autres oiseaux insectivores ;* c'est pourquoi les jardiniers clairvoyants et les observateurs déconseillent toujours davantage la destruction des moineaux.

Toutes les espèces de fauvettes, les fauvettes des roseaux et les pouillots, les accentueurs, les bergeronnettes, les roitelets, les traquets, les pipits, l'alouette, les pinsons, les bruants, les grimpereaux, les torcols, sont d'excellents chasseurs d'insectes, ainsi que les diverses espèces de pies-grièches, et tout particulièrement les gobe-mouches, que je voudrais d'ailleurs éloigner des ruches d'abeilles, dans le voisinage desquelles ils aiment à se loger. Dans les vignobles, les grives compensent à peine à certaines époques le dommage qu'elles font à la récolte, mais elles méritent d'être épargnées dans tous les autres districts, parce qu'elles mangent par millions les chenilles de terre si nuisibles. C'est ce que font aussi particulièrement les agiles étourneaux, qui dévorent une masse considérable de vers, d'escargots, de chenilles, de sauterelles et de mordettes, qui même dans les pâturages, comme le fait la bergeronnette jaune, délivrent le bétail des vers, des tiques, des taons et des mouches, et dont dès lors on ne devrait jamais enlever les petits.

Que dans quelques contrées de l'Allemagne l'on prenne et l'on mange en très-grande quantité les hirondelles, qui appartiennent aux plus actifs insectivores, cela est à la fois insensé et injuste. Je veux aussi intercéder pour les *alouettes*. En Suisse, personne ne songe à poursuivre ces utiles petits animaux, qui sont en même temps de délicieux chanteurs. Dans l'Allemagne centrale, au contraire, on les égorge par cent mille d'une manière barbare, quoique les souris, les belettes, les chats et les oiseaux de proie leur fassent un chasse déjà assez violente et quoique comme destructeurs d'insectes rongeurs et de graines de mauvaises herbes, ils soient de vrais amis et de vrais bienfaiteurs de nos champs. Il est vraiment incompréhensible qu'aujourd'hui encore des ornithologues puissent donner dans leurs ouvrages des instructions pour la *chasse aux alouettes*, au lieu de s'élever contre cet abus. Aussi longtemps qu'il existe encore chez nous, nous pouvons à peine nous plaindre des Italiens, qui s'entendent encore mieux que nous à la chasse aux alouettes. A l'époque de l'équinoxe d'automne, pendant dix jours environ, près d'un million d'alouettes arrivent journellement sur les côtes de la Sicile, où un feu de file continu, dirigé

sur elles par des centaines de chasseurs, les abat par essaims. On doit s'étonner après cela, de ce que nos champs
ne sont pas encore entièrement dévastés, mais on ne doit
pas être surpris en revanche si de temps en temps, comme
cela a eu lieu récemment dans la contrée de Mansfeld, de
grandes étendues de champs de blé tout entières sont ra-
vagées par les scarabées et les autres insectes.

Je veux encore citer quelques oiseaux plus grands, qui
sont d'une haute importance pour nos différentes espèces
de culture; je parlerai en premier lieu du *coucou*. La nature s'est plu à former cet oiseau remarquable pour se nourrir de chenilles velues, que peu d'autres oiseaux peuvent
manger (comme par exemple, les noctuelles et les processionnaires qui ravagent les forêts) en appropriant d'une manière remarquable leur estomac à la digestion de ces insectes. En 1847, une grande forêt de sapins en Poméranie
souffrit tellement des dégâts causés par les chenilles, qu'elle
commençait déjà à se déssécher, lorsque tout à coup elle
fut sauvée par une bande de coucous qui, quoique déjà en
état de migration, s'y établirent cependant quelques semaines et nettoyèrent si bien les arbres que l'année suivante
le mal ne se renouvela pas. On sait que le coucou, à l'ins-
tar des petits chercheurs d'insectes, les mésanges, les roitelets huppés, les grimpereaux, mangent presque toute la
journée, parce que les chenilles contiennent beaucoup d'eau
et peu de matières nutritives solides. D'après les observations qui ont été faites, on peut compter que le coucou détruit toutes les cinq minutes au moins une chenille, ainsi
en un jour au moins 170 chenilles dont les poils restent
attachés à la membrane muqueuse de son estomac et souvent la tapissent formellement. Si l'on admet que la moitié
des chenilles détruites sont des femelles, et que chacune
d'elles contient en moyenne 500 œufs, un seul coucou em-
pêche donc en un seul jour la ponte de 42,500 chenilles
nuisibles ! combien faudrait-il bien employer d'hommes
pour exécuter le même travail *en un jour ?* C'est un dic-
ton populaire chez nous que celui qui a de l'argent dans sa
poche, quand il entend le premier chant du coucou au prin-

temps, n'en manquera pas de tout l'été. — Nous pouvons dire avec plus de justesse : chaque appel de coucou nous répète que cet oiseau conserve des sommes considérables au bien-être national et qu'il protége avec une activité infatigable une partie importante de ce dernier.

Une autre famille d'oiseaux des bois rivalise d'utilité avec lui. Ce sont toutes nos espèces de *pics,* qui, sous plus d'un rapport, sont également pour nos forêts des bienfaiteurs inappréciables.

Ce sont de sages, de vigoureux et de laborieux camarades ; quand vous passez près de leur arbre, ils vous regardent si sérieusement et si attentivement avec leurs beaux yeux brillants, comme s'ils voulaient vous dire : « Ami, comprends-tu bien notre travail et notre métier ? Si tu ne le comprends pas, sois attentif et vois comme nous faisons. » Ils détruisent principalement des insectes très-nuisibles, comme les noctuelles, les lasiocampes, les sphinx de pin, les hilotomes, les guêpes de bouleaux, les bostrychins du pinastre, les charançons du sapin, etc. Les piverts et les pics cendrés se distinguent surtout par la destruction des frélons, dont le dangereux aiguillon ne leur peut rien. Les pics épeiches viennent même jusque dans nos jardins pour y chercher les insectes et les larves ; le pic tridactyle ou à trois doigts et le pic noir s'en tiennent plutôt aux espèces des coléoptères silvicoles. Une autre utilité indirecte de ces importants oiseaux est qu'ils sont les charpentiers nés des oiseaux de la forêt.

Chaque pic fait dans le courant d'une année au moins une douzaine de trous dans les arbres, parce que non-seulement il a soin, à l'époque de la ponte, de se préparer une demeure aussi jolie et aussi commode que possible, mais encore il s'arrange à l'époque de migration une cavité quelconque pour y passer quelques nuits et fait souvent dans cet ouvrage tomber des copeaux de plusieurs pouces de long. Dans toutes ces cavités, une foule de petits oiseaux insectivores trouvent ensuite des demeures toutes préparées pour nicher et pour couver, et il est reconnu que ce ravail de charpentier des pics ne fait aucun tort aux forêts, puisqu'ils ne s'attaquent jamais à des arbrestout à fait sains, mais seulement à des arbres pourris ou qui sont atteints par les insectes.

Même parmi les *oiseaux de proie*, il s'en trouve qui sont des insectivores très-utiles à signaler, et qui méritent dès lors d'être soigneusement favorisés et ménagés. Tous les petits oiseaux de proie, et même aussi quelques-uns des plus grands, nourrissent leurs petits d'insectes et ne mangent eux-mêmes, à l'époque de la ponte, que peu d'autre chose. Les plus utiles sont incontestablement *les hibous*, qui, extraordinairement bien organisés pour cela par la nature, prennent dans les chasses qu'ils font matin et soir au crépuscule, des masses considérables d'insectes des forêts, principalement de papillons de nuit et de crépusculaires ou de leurs chenilles. Quelques espèces de hiboux se distinguent surtout, de même que les étourneaux, les choucas, les freux, les geais, les pies-grièches, par la destruction des hannetons. Bien plus. On apporta dernièrement à Berlin un chat-huant (la chouette la plus commune de nos forêts), qu'on venait de tuer. En l'ouvrant, on trouva son estomac presque complétement rempli d'insectes, parmi lesquels il n'y avait pas moins de 75 *chenilles* du nuisible sphinx de pinastre. Et ce n'est pas tout; dans la destruction des rats et des souris de forêts et de champs, les hibous rendent des services de la grandeur et de l'importance desquels on a rarement une juste idée. Le naturaliste anglais White, observa pendant longtemps une paire d'effraies et fit la remarque qu'elles portaient en moyenne toutes les cinq minutes une souris dans leur nid. Un couple de chouettes chevêches apporta dans une soirée du mois de juin onze souris à ses petits. Peut-on s'imaginer une plus grande absurdité que la chasse faite à ces animaux si éminemment utiles, et que de stupides paysans clouent encore souvent aux portes de leurs granges. Que diraient-ils si on leur conseillait également d'y clouer leurs chats, qui eux aussi volent par-ci par-là un oiseau? Cela leur ferait moins de tort pourtant que de tuer le hibou, car un hibou prend chaque jour plus de souris que le meilleur chat. Si les grands hiboux prennent de temps en temps un petit oiseau, c'est sans conséquence en comparaison de l'énorme quantité de souris et d'insectes qu'ils détruisent. Seul le grand-duc, qui d'ailleurs est passablement rare, et à côté des grenouilles, des serpents, des lézards, des scarabées et des souris, mange aussi beaucoup d'oiseaux et de quadrupèdes utiles, mérite moins d'être épargné. Chez les autres espèces il se trouva que dans environ 20 estomacs de hibous qui furent successivement ouverts, il n'y avait que des souris et des taupes.

Le plus grand nombre des *oiseaux de proie diurnes*, par exemple, la plupart des faucons, des autours, des éperviers, des milans et des busards, sont nuisibles, parce qu'ils font de grands ravages parmi les petits oiseaux utiles et leurs couvées, et même les plus petits d'entre eux mangent aussi souvent des oiseaux que des insectes, etc. Cependant la cresserelle, qui n'est pas rare chez nous, mange tant de scarabées, de sauterelles et de souris des champs, que son utilité l'emporte sur le dommage qu'elle fait. Il en est de même du hobereau et du faucon à pieds rouges. Un grand vol de ces derniers, qui vivent presque exclusivement d'insectes, passa dernièrement dans le canton de Vaud et vint s'abattre sur les arbres autour du village de Noville. Les habitants s'imaginèrent d'abord que c'étaient des pigeons, et en tuèrent quelques-uns; mais lorsqu'ils virent avec quelle avidité ces oiseaux dévoraient les hannetons, ils cessèrent bien vite de leur tirer dessus. Le plus utile et en même temps le plus commun de tous nos oiseaux de proie est la buse, que l'on confond souvent avec l'autour, l'un des plus dangereux voraces, et que l'on nomme à tort busard des marais, voleur de poules, etc. Ces *buses* détruisent une quantité de rats, de souris, de serpents et de petits insectes. On a déjà trouvé dans le jabot d'un de ces oiseaux 20 souris de champs à la fois et même plus, et Steinmuller ayant ouvert une de ces buses, ne découvrit pas moins de 7 orvets, des mordettes et 15 grillons-taupes dans son estomac. La consommation annuelle d'un seul exemplaire est supposée, d'après les observations faites, à plus de 4000 souris. Perché sur un buisson ou sur une pierre, cet oiseau guette

des heures entières le moment où la taupe ou le rat fouisseur
soulève une motte de terre; il s'y précipite alors comme un
trait, enfonce profondément ses griffes dans la terre remuée et
en tire l'animal qui s'y trouve. Les taches brunes qu'il a au
ventre et son vol plus lourd le font aisément distinguer de
l'autour, oiseau de proie redoutable qui ressemble à un gros
épervier. La bondrée est aussi un grand preneur de souris, et
à côté de cela elle mange une quantité de chenilles, de taons,
de bourdons et de guêpes qu'elle va chercher dans leurs nids
et dévore avec leurs couvées. Ces deux espèces de buses causent
certainement du dommage aux autres oiseaux, mais ce dommage est petit et sans importance en comparaison de leur utilité, parce qu'ils sont beaucoup plus lents, beaucoup plus fleg-
matiques et beaucoup plus lourds que par exemple les autours et les éperviers. Je n'irai pas plus loin dans mes cita-
tions, mon intention n'étant pas d'énumérer tous les oiseaux
utiles, mais seulement d'attirer l'attention sur quelques-uns
des plus utiles, ainsi que sur leur incalculable importance
pour toute les branches de l'agriculture. *Sans ces petits
animaux, aucune agriculture, aucune végétation même ne se
rait possible. Ils font un travail que des millions de mains
d'hommes ne feraient pas de moitié aussi bien et aussi complétement.*

Il nous reste cependant encore à mentionner un ordre
d'oiseaux qui compte plusieurs familles et apparaît en si
grand nombre qu'il nous importe de nous enquérir de leur
importance. Je veux parler des *corbeaux*. Il est difficile de
porter un jugement général sur eux, parce que leurs différentes espèces ont un genre de vie bien divers. Les casse-
noix et les geais qui appartiennent à cette classe détruit
sent à la vérité une quantité d'insectes, mais ils s'attaquen
aussi aux semences des arbres des forêts, pillent en bandits les nids des plus petits oiseaux et en mangent les
œufs ainsi que les petits; les geais, qui d'ailleurs ont
un mérite tout particulier par la destruction qu'ils font
des vipères venimeuses, endommagent fréquemment les
champs de blé, en arrachant dans leur vol les épis, qu'ils
avalent tout entiers. Il en est de même de la corneille

commune et de la corneille mantelée, qui, à l'époque de la ponte, se comportent en véritables oiseaux de proie et tombent sur les cailles, les jeunes canards, les perdrix, et même sur les levreaux. Le grand corbeau noir se rapproche encore plus des oiseaux de proie et prend également les jeunes lièvres, mais en revanche, il a une utilité incontestable en faisant disparaître les corps morts. Chez les pies, c'est aussi décidément le dommage qui l'emporte. Ces oiseaux, voraces et rusés, non seulement attaquent les petits dans leurs nids, mais ils font formellement la chasse aux oiseaux de tout âge. Où ils sont tant soit peu nombreux, ils ne laissent subsister aucun oiseau chanteur, et ils méritent dès lors qu'on leur fasse une poursuite sérieuse. Les plus innocents et les plus utiles de leur ordre sont les *choucas* et les *freux*, qui s'en tiennent principalement aux mordettes, aux hannetons, aux escargots, aux vers de terre, aux grillons-taupes, aux souris et aux végétaux. Il faut donc ménager avec soin ces deux espèces, tandis que les autres corbeaux dont nous avons parlé plus haut, devenant nuisibles sitôt qu'ils se multiplient par trop, doivent être limités.

Le petit nombre des espèces d'oiseaux qui cherchent leur nourriture exclusivement dans le règne végétal, apparaissent comme des rivaux naturels de l'homme et lui nuisent plus ou moins d'après le choix de leurs aliments et l'étendue de leurs besoins. Cependant on se fait aussi à cet égard de grandes illusions, parce que l'homme est toujours enclin à oublier complétement le grand profit indirect que lui causent tous les oiseaux granivores sans exception par l'immense destruction qu'ils font de graines de toute espèces de mauvaises herbes, pour ne voir que le petit dommage direct qu'ils lui font à certaines époques. C'est ainsi, par exemple, que les pigeons sauvages sont envisagés partout comme un fléau pour l'agriculteur. Mais l'agriculteur ne sait pas que ces oiseaux, s'ils vont parfois piquer sur les champs les grains de blé et les pois qui sont à découvert, détruisent outre les graines de la nielle et du coquelicot, d'innombrables quantités des espèces vénéneuses d'euphorbes, qu'aucun animal domestique ne mange, ainsi que le remarque Gloser, et qui appartient aux mauvaises herbes les plus nuisibles et les plus incommodes ; aussi ces pigeons sont-ils, pour cette raison, particulièrement protégés en Angleterre et en Belgique.

Les tarins et les becs-croisés mangent à la vérité beaucoup de graines d'arbres, mais ils détruisent aussi beaucoup de graines de bardane, et comme le chardonneret, de graines de chardon ; il en est de même des autres granivores comme les sizerins, les linottes, les pinsons montains, les serins, les verdiers, qui consomment une forte quantité de graines de plantins, de pavots sauvages, de bardane, de mouron, de séneçon et d'épervière, de laitron, de myagres et autres mauvaises herbes ; le bouvreuil, au contraire, fait souvent de grands ravages dans les bourgeons des arbres, et le gros-bec dépouille des cerisiers entiers pour en avoir les noyaux. En moyenne, ces deux espèces ne sont cependant pas très-fréquentes.

Ceci, mes amis, est un rapide coup d'œil dans l'économie de la nature ; il suffit cependant pour nous convaincre qu'elle possède de nombreux et énergiques moyens pour empêcher les envahissements toujours plus menaçants des insectes nuisibles et rétablir l'équilibre naturel. C'est à nous à lui prêter la main, à utiliser ses forces auxiliaires, à les multiplier et à les faire servir à la prospérité de l'agriculture. Mais comment y arriver ? *Simplement en nous abstenant de faire la chasse aux oiseaux utiles, en cherchant au contraire à les rendre bien familiers chez nous, et en favorisant de toutes nos forces leur multiplication.*

Il règne encore généralement dans nos pays un très-grand abus à l'égard de ces petits animaux. La chasse aux oiseaux est un mal, et il faut enfin, après qu'elle a causé à l'agriculture un dommage inappréciable, la bannir à jamais de toutes les contrées cultivées. Si l'on réfléchit combien ces charmants petits êtres, avec leur beau plumage, leurs gaies allures et leur joyeux gazouillement, animent les champs et les guérets, et combien il faut de victimes pour en élever un seul en cage, puisque d'une douzaine que l'on prend il en périt au moins onze avant qu'ils soient élevés, et que le douzième ne vit que peu d'années, on ne peut vraiment pas s'intéresser aux oiseleurs. Si la chasse s'étend même aux oiseaux utiles et qui nous sont absolument nécessaires, si déjà chaque enfant croit devoir tendre des piéges aux mésanges, si l'on prend les fauvettes à tête noire, les rossignols, les pinsons, les alouettes, les fauvettes jaunes, les pouillots, les rouges-gorges et toutes les espèces de mésanges, c'est un péché et une grande folie en même temps, et le résultat en est que nos arbres, nos moissons et les fruits de nos champs doivent être détruits. Quelles tristes expériences n'avons-nous pas déjà faites à cet égard? et chaque année nous en apporte de nouvelles. Ne portez pas une main criminelle dans l'organisation divine de la nature! Ne chasse pas et n'égorge pas tes meilleurs alliés! Ne lève pas la main sur tes bienfaiteurs et sur ceux qui te protègent! Mais quand de jeunes polissons vont détruire les nids de ces petits animaux, ces berceaux d'oiseaux amis construits avec tant d'art et de sollicitude, et en enlèvent les œufs ou les petits, c'est une conduite impie et qui mérite un châtiment sévère, comme le vol lui-même. Un enfant raisonnable et qui a un bon cœur, ne prêtera jamais la main à une action semblable; et si nos bûcherons et nos paysans finissaient par comprendre quels sont les immenses services que les coucous, les hibous et les pics nous rendent, ils reconnaîtraient certainement combien la chasse que l'on fait à ces excellents petits gardes-forestiers est insensée et pernicieuse pour nous.

Les gouvernements de beaucoup d'Etats de l'Allemagne ont rendu des ordonnances dans le but de mettre des bornes à la destruction des oiseaux insectivores. Ce sont la Hesse, Bade, le Würtemberg et la Prusse qui en ont donné le bon exemple. En Saxe, il est défendu sous peine d'une forte amende de prendre un rossignol, et il faut payer un impôt de 5 thalers (fr. 20) pour pouvoir en garder un. Il n'en est pas ainsi dans les duchés de Saxe et surtout dans les forêts de la Thuringe. Il y règne une véritable manie de prendre les oiseaux. Dans les villages même, pas d'habitant qui n'ait ses oiseaux chanteurs, quelques-uns en possèdent même de 30 à 40 exemplaires. Aussi n'y trouve-t-on presque plus de rossignols, par contre d'autant plus d'insectes nuisibles. Quelques hommes perspicaces, comme Lenz à Schnepfenthal, Gloger à Berlin, Schott de Schottenstein à Ulm et quelques autres se sont employés avec zèle à la protection des petits oiseaux. Ils ont fait plus : ils ont cherché à faire comprendre combien il serait utile de *faciliter leur propagation*.

Et en effet, c'est aussi une chose très-importante et à laquelle chacun pour ainsi dire peut contribuer. Dans ce but, tous les propriétaires de forêts, de champs et de jardins devraient épargner les vieux arbres creux, dans les cavités desquels les oiseaux qui aiment à couver dans l'obscurité, comme les mésanges, les grimpereaux, les sitelles, les chouettes, les étourneaux, les rouges-queues, les pics, etc., trouvent le meilleur asile. Si l'on enlève les feuilles mortes et les détritus qui se trouvent dans ces cavités et, si lorsqu'elles sont pratiquées perpendiculairement dans le tronc, l'on cloue une petite planche au-dessus pour les préserver contre la pluie et qu'on laisse pour l'entrée une ouverture d'environ 2 pouces de diamètre, elles seront aussitôt habitées, et les petits animaux qui y établiront leur demeure auront déjà, au bout de quelques heures, payé la peine que l'on se serait donnée pour eux. Que l'on augmente en outre le nombre des petites caisses pour les sansonnets, que dans certaines contrées la loi elle-même ordonne d'établir, et que l'on prenne soin que les petits n'en puissent être enlevés. Et quand les grives, les pinsons et autres oiseaux nichent sur un arbre, on devrait protéger leurs nids contre les enfants et les chats, en entourant les troncs des arbres d'une couronne d'épines.

Pour remplacer les arbres creux qui font souvent défaut à ceux des oiseaux qui choisissent les cavités pour y déposer leur couvée, on peut au besoin confectionner de petites caisses pour les petits destructeurs d'insectes, faites soit avec des morceaux plus ou moins longs de branches ou de troncs creux, soit avec de larges tuyaux ou simplement avec des planches dont on ferme solidement et cimente hermétiquement l'un des bouts, tandis qu'à l'autre bout on cloue également une planche avec une ouverture d'environ deux pouces de diamètre et à côté un petit bâton servant de reposoir. On place cette petite maisonnette, l'entrée tournée vers l'Orient, sous la corniche d'un toit, ou mieux encore, à une élévation de dix à douze pieds au-dessus du sol dans les branches d'un arbre qui ne se couvre pas trop tard de feuillage et qui se trouve dans un lieu peu exposé. Ces caisses à nicher peuvent être de grandeurs différentes. Les mésanges aiment celles qui ont environ huit à dix pouces d'espace ouvert en longueur et trois à quatre pouces de largeur ; les oiseaux plus grands ont aussi besoin de demeures plus vastes. Pour rendre celles qui sont faites de simples planches plus agréables aux oiseaux, il faudrait les vernir en gris foncé et les garnir de mousse et de lichens. Maintenant que l'on comprend toujours plus l'importance des soins accordés à la nichée des oiseaux en liberté, il se fait beaucoup de bien sous ce rapport dans les jardins zoologiques, dans les écoles agricoles, dans les grandes économies et dans les établissements d'horticulture; et chaque année, d'après les conseils d'employés, d'instituteurs et de judicieux propriétaires, on établit plusieurs milliers de ces caisses à nicher, et l'on remarque qu'il n'y a guère de capital qui rapporte autant et si vite que ces petites dépenses.

Quiconque possède un morceau de terre approprié à cela peut se procurer, ainsi qu'à ces petits chanteurs, une véritable jouissance, s'il le plante très-épais de buissons épineux, de quelques sobriers et de cerisiers, de chênes et de pins, et qu'il en recouvre le sol à la hauteur de la main de branches d'épines pour empêcher les chats d'y pénétrer. Une fois cette plantation établie, il s'y rassemblera bientôt une foule de petits oiseaux qui aiment extraordinairement de tels fourrés à cause de la sécurité dont ils y jouissent, et l'influence de leur séjour se fera bientôt remarquer. On a observé que de tels asiles, ayant une étendue suffisante, protégèrent de grandes propriétés si bien que les fruits y réussirent, même dans les mauvaises années, parce qu'en été comme en hiver, les oiseaux protégés avaient travaillé dans les arbres fruitiers, et en avaient détruit les insectes nuisibles. Celui qui ne voudrait pas établir de tels bocages, peut au moins placer à trois à quatre pouces sous l'avant-toit de sa maison ou de ses étables une latte passablement large, sur laquelle les hirondelles aiment à venir s'établir. Il peut faire plus encore, tant pour son plaisir que pour celui des oiseaux, en établissant, soit devant la fenêtre d'une chambre inhabitée, soit ailleurs dans un coin isolé, une petite planche à appât, avec un toit et des parois pour abriter les petits habitants contre le vent et la neige ; puis y parsemer des miettes de pain, des baies de sureau et de sorbier, de petits morceaux de pommes de terre et des grains d'orge et d'avoine. Une hôtellerie semblable toujours ouverte, jouit d'une grande vogue surtout en hiver et réjouit par l'entrain et la joie qui y règnent. Et c'est une chose si facile à arranger, et pourtant quel bienfait pour les pauvres petits oiseaux affamés ! Ils s'habituent si vite à cette maison hospitalière ! et quand vient le printemps, ils acquittent leur dette de reconnaissance par de joyeux gazouillements et une chasse zélée aux insectes nuisibles. Pour fixer les utiles mésanges dans un endroit, on a un moyen très-simple qui consiste à suspendre en été à un arbre la cage d'une mésange captive qui attire constamment ses libres compagnes autour d'elles. Si l'on suspend pendant l'automne quelques branches vertes de sapin dans les arbres fruitiers défeuillés, on les verra pendant toute la saison morte activement visités et nettoyés par les mésanges.

Ensuite on devrait aussi venir en quelque sorte au secours des petits oiseaux en poursuivant leurs ennemis ailés. Des primes accordées par l'Etat pour la capture de tous les oiseaux de proie, à l'exception de la buse commune et de la buse bondrée, puis pour celle des pics, des corbeaux noirs, des corneilles, de la grande pie-grièche (et aussi dans l'intérêt de la pêche, des hérons cendrés et des merles d'eau) seraient un moyen efficace et préserveraient plusieurs centaines de couvées d'oiseaux chanteurs ; au contraire la chasse aux chouettes, aux coucous et aux pics devrait être punie comme un délit forestier, et la prise et la vente des mé-

sanges, des pinsons, des rouges-gorges et autres insectivores, absolument interdite et punie.

Vous, mes amis, prenez cela à cœur ! Vous avez jeté un
regard dans l'admirable économie de la nature de Dieu,
qui a tout si sagement ordonné et organisé et qui se montre
si grand même dans les plus petites choses ! Contribuez
dans l'étendue de vos forces à maintenir cet ordre ! Il y a
à cela piété et sagesse. Laissez les barbares du Sud se com-
plaire à l'œuvre d'extermination qui dégrade leur propre
dignité d'hommes, mais là où vous le pourrez, soignez et
protégez ce monde d'animaux amis, les innocents chantres
du printemps ! Ne les enfermez pas dans d'étroites et tristes
cages ! Procurez-leur en liberté demeure et nourriture,
sûreté et bien-être ! Ils animeront vos cours et vos jardins ;
ils viendront, pleins de confiance, attendre sur vos fenêtres
les miettes de pain auxquelles vous les aurez habitués ; ils
garderont vos fleurs et vos fruits ; ils feront leurs nids dans
vos buissons et vous réjouiront par leur sollicitude pour
leur petite couvée, par leur activité et par leurs chants.
Puis encore, s'ils trouvent *dans un pays tout entier* soins
et protection, ils récompenseront en grand et d'une manière éclatante ces bienfaits et cette sage prudence, et ils
se montreront les défenseurs les plus fidèles des champs et
des forêts, des vergers et des jardins, en général de toutes les cultures.